I0409495

Juba de Leão

(*Hericium Erinaceus*)

Fabio Rodrigues de Araujo

CONTENTS

INTRODUÇÃO

Bem-vindo(a) ao fascinante mundo do Hericium Erinaceus, um cogumelo importante, conhecido por diferentes nomes populares como "Cogumelo das Neves", "Ouriço Barbudo" ou "Juba de Leão". Neste livro, vamos desvendar os segredos dessa espécie única de cogumelo, explorando sua história, suas propriedades medicinais, sua identificação, cultivo e seu valor culinário. Prepare-se para se encantar com as descobertas sobre esse tesouro da natureza e suas incríveis contribuições para a saúde humana.

Para os mais aventureiros, ofereceremos um guia básico sobre como cultivar o Hericium Erinaceus em casa. Descubra a gratificante experiência de cultivar seus próprios cogumelos e desfrutar dos seus benefícios.

Lembre-se de que a natureza ainda guarda muitos segredos, e o cogumelo Hericium Erinaceus, é apenas um exemplo do vasto mundo a ser explorado em nossa busca contínua pelo conhecimento. Mantenha sua mente aberta e curiosa, e que esta jornada seja apenas o começo de suas descobertas do maravilhoso reino fungi.

CAPÍTULO 1: ORIGENS DO HERICIUM ERINACEUS

1.1 Habitat Natural

O Hericium Erinaceus é um cogumelo saprófito, o que significa que se desenvolve e se alimenta de matéria orgânica em decomposição. Ele é frequentemente encontrado crescendo em troncos de árvores mortas ou em estágios avançados de decomposição, especialmente em florestas temperadas e tropicais, de coníferas, que são as principais árvores de regiões alpinas.

1.2 Distribuição Geográfica

Embora a distribuição do Hericium Erinaceus possa variar dependendo das condições climáticas e geográficas, ele pode ser encontrado em várias regiões do mundo. Esse cogumelo é comumente encontrado em áreas da América do Norte, Europa, Ásia e partes da América do Sul.

1.3 Aparência E Identificação

Uma das características distintivas do Hericium Erinaceus é sua aparência incomum, que se assemelha à juba de um leão. Seu corpo frutífero é composto por longas esferas brancas, agrupadas e com fios pendurados nos troncos das árvores. Essa característica única torna o Hericium Erinaceus facilmente reconhecível, mas também é importante aprender a diferenciá-lo de outras espécies de cogumelos, especialmente para evitar confusão com cogumelos tóxicos. Não é recomendado coletar cogumelos na natureza!

Os corpos frutíferos do Hericium Erinaceus podem variar em tamanho, geralmente com diâmetros variados. Seus fios são frágeis e flexíveis e podem ser mais curtos ou mais longos, medindo entre 3 e 5 cm, dependendo da fase de desenvolvimento do cogumelo. A medida que envelhecem, podem adquirir uma tonalidade mais creme ou amarelada, mas sua característica essencial permanece inconfundível.

Fonte: www.google.com.br

Fonte: www.google.com.br

1.4 Ciclo De Vida

O ciclo de vida do Hericium Erinaceus inicia-se com a germinação de esporos liberados pelo cogumelo maduro. Esses esporos se estabelecem em um substrato adequado, geralmente um tronco de árvore em decomposição. A partir dos esporos, desenvolvem-se hifas, que são as estruturas vegetativas que compõem o corpo do cogumelo invisíveis a olho nu. À medida que as hifas se multiplicam, formam uma rede chamada micélio, que cresce e se espalha pelo tronco da árvore. Quando as condições ambientais são favoráveis, o micélio produz corpos frutíferos, ou seja, os cogumelos visíveis que emergem do tronco.

1.5 Importância Ecológica

O Hericium Erinaceus, como todos os fungos, desempenha um papel importante no ecossistema das florestas, uma vez que auxilia na decomposição da matéria orgânica morta, liberando nutrientes e minerais essenciais no solo. Além disso, sua presença pode beneficiar outras espécies, como insetos, que se alimentam dos corpos frutíferos, contribuindo para a cadeia alimentar do ecossistema.

Conclusão do Capítulo 1:

Ao final deste capítulo, esperamos que você tenha adquirido uma apreciação mais profunda pela história e origens do Hericium Erinaceus. Compreender onde e como esse cogumelo se desenvolve nos ajuda a valorizar sua presença nos ecossistemas naturais e nos prepara para explorar as propriedades medicinais e o valor culinário que ele oferece, temas que serão explorados nos próximos capítulos. O Hericium Erinaceus é, sem dúvida, um ser extraordinário da natureza, e sua beleza e importância merecem ser exploradas com admiração e respeito.

CAPÍTULO 2: DA FLORESTA À MESA

2.1 Valor Culinário Apreciado

O Hericium Erinaceus tem sido apreciado como uma iguaria em diversas culturas ao redor do mundo, especialmente na China, Japão e Coreia. Sua aparência distinta e textura única o tornam um ingrediente atraente para pratos gourmet e receitas tradicionais.

2.2 Preparação Culinária

Existem diferentes formas de preparar o Hericium Erinaceus para aproveitar ao máximo seu sabor e textura. Desde refogados e salteados até cozidos em sopas e guisados, os métodos de preparação podem realçar suas características únicas.

2.3 Sabor E Textura Exótica

O sabor do Hericium Erinaceus é frequentemente comparado a frutos do mar, como caranguejo ou lagosta. Sua textura delicada e carnuda adiciona um toque especial a pratos vegetarianos e veganos, tornando-o uma opção atraente para uma variedade de dietas.

Conclusão do Capítulo 2:

Ao encerrar este capítulo, esperamos que você tenha desenvolvido um apreço mais profundo pelo valor culinário do Hericium Erinaceus. Esse cogumelo extraordinário enriquece a culinária de várias culturas com seu sabor delicado e textura exótica, conquistando o paladar de muitos. Nos próximos capítulos, continuaremos nossa jornada, explorando as propriedades medicinais do "Juba de Leão" e sua importância na saúde humana. Além disso, discutiremos como a busca pela sustentabilidade é essencial para garantir que continue a ser uma fonte valiosa de prazer gastronômico para as gerações futuras.

CAPÍTULO 3: O PODER MEDICINAL DO JUBA DE LEÃO

Neste capítulo, mergulharemos nas propriedades medicinais do Hericium Erinaceus, explorando seu potencial para a saúde humana e as pesquisas científicas que sustentam suas alegações terapêuticas. Descubra os compostos bioativos encontrados nesse cogumelo e como eles podem beneficiar nosso organismo.

3.1 Compostos Bioativos

O Hericium Erinaceus é rico em compostos bioativos, incluindo beta-glucanas, hericenonas, erinacinas e outros compostos antioxidantes. Exploraremos como esses elementos únicos interagem em nosso corpo para promover potenciais benefícios à saúde.

Beta-Glucanas

As beta-glucanas são um grupo de polissacarídeos encontrados em muitos alimentos, principalmente em certos tipos de cogumelos, leveduras, grãos e alguns vegetais. Essas substâncias são conhecidas por terem efeitos benéficos no corpo humano e são objeto de estudos científicos devido às suas potenciais propriedades terapêuticas.

Abaixo estão alguns dos efeitos das beta-glucanas no corpo:

1. Estimulação do Sistema Imunológico: As beta-glucanas são consideradas imunomoduladoras, o que significa que elas podem ajudar a equilibrar o sistema imunológico. Elas estimulam as células imunológicas, como macrófagos, neutrófilos e células natural killer, aumentando a resposta imunológica do corpo contra infecções e agentes patogênicos.

2. Propriedades Antioxidantes: As beta-glucanas possuem atividade antioxidante, o que significa que elas podem neutralizar radicais livres e proteger as células do estresse oxidativo. Isso pode ajudar a prevenir danos celulares e contribuir para a saúde cardiovascular e cerebral. Em outras palavras, ajuda a combater o envelhecimento.

3. Regulação dos Níveis de Colesterol: Estudos sugerem que a ingestão de beta-glucanas pode ajudar a reduzir os níveis de colesterol total e LDL (colesterol ruim) no sangue. Isso ocorre porque as beta-glucanas formam um gel viscoso no trato gastrointestinal, que pode se ligar ao colesterol e ajudar a sua eliminação do corpo.

4. Modulação do Açúcar no Sangue: Algumas pesquisas indicam que as beta-glucanas podem ajudar a regular os níveis de açúcar no sangue, sendo benéficas para pessoas com diabetes tipo 2. Elas podem retardar a absorção de carboidratos e melhorar a sensibilidade à insulina.

5. Efeitos Anti-Inflamatórios: As beta-glucanas têm demonstrado propriedades anti-inflamatórias, reduzindo a produção de

citocinas pró-inflamatórias no corpo. Isso pode ser benéfico para pessoas com condições inflamatórias crônicas, como artrite reumatoide.

6. Estímulo ao Crescimento de Células Nervosas: Algumas pesquisas sugerem que as beta-glucanas podem estimular o crescimento de células nervosas no cérebro, o que pode ser relevante para a saúde cognitiva e o tratamento de doenças neurodegenerativas. Usuários relatam mudanças perceptíveis no foco e memória, por conta disso, o extrato deste cogumelo é muito utilizado com o intuito de melhorar o desempenho de idosos, estudantes e trabalhadores de diversas áreas.

É importante ressaltar que os efeitos das beta-glucanas podem variar dependendo da fonte e da forma de consumo. Além disso, antes de incorporar suplementos de beta-glucanas na dieta ou utilizar alimentos ricos nesse composto com fins medicinais, é sempre recomendado consultar um profissional de saúde para avaliar a adequação e segurança para o seu caso específico. Muitos fabricantes, amparados por farmacêuticos, costumam informar uma posologia como sugestão no rótulo das embalagens.

Hericenonas E Erinacinas

Essas substâncias têm despertado interesse na comunidade científica devido aos seus possíveis efeitos benéficos no corpo humano. Embora as pesquisas ainda estejam em estágios iniciais, alguns estudos sugerem que elas podem ter propriedades terapêuticas importantes.

Abaixo estão alguns dos efeitos potenciais no corpo:

1. Estímulo ao Crescimento Nervoso: Têm sido estudadas por sua capacidade de promover o crescimento de células nervosas no cérebro. Essa propriedade neurotrófica pode ser benéfica para a saúde cerebral e pode ter implicações potenciais no tratamento de doenças neurodegenerativas, como a doença de Alzheimer.

2. Melhoria da Saúde Cognitiva: Alguns estudos em animais sugerem que podem melhorar a função cognitiva e a memória. Acredita-se que esses compostos possam ter um papel na proteção das células nervosas e na promoção da plasticidade cerebral. Muitas pessoas consomem o extrato de Juba de Leão e relatam melhoras cognitivas perceptíveis no foco, e isso contribui para a melhora de vários aspectos cognitivos!

3. Efeitos Anti-Inflamatórios: Têm demonstrado propriedades anti-inflamatórias em estudos de laboratório. A capacidade de reduzir a inflamação pode ser benéfica para a saúde geral, especialmente em relação a doenças inflamatórias crônicas.

4. Suporte à Saúde do Sistema Digestivo: Alguns estudos sugerem que podem ter efeitos benéficos no sistema digestivo, como o suporte à saúde da mucosa intestinal e a regulação da microbiota intestinal, o que o classifica em um importante prebiótico natural! Prebióticos são substâncias que estimulam o crescimento ou atividade de bactérias desejáveis no intestino.

5. Possível Papel na Saúde Cardiovascular: Pesquisas iniciais também sugerem que podem ter efeitos protetores sobre o sistema cardiovascular, ajudando a reduzir o estresse oxidativo e a inflamação associada a doenças cardiovasculares.

6. Redução do Estresse e Ansiedade

Algumas pesquisas sugerem que pode ter um efeito positivo no gerenciamento do estresse e da ansiedade. Seus compostos podem influenciar os sistemas nervoso e endócrino para promover uma sensação de bem-estar.

É importante ressaltar que a pesquisa é limitada e ainda são necessários mais estudos clínicos em humanos para confirmar e estabelecer com segurança esses efeitos potenciais. Além disso, a dosagem e a forma de consumo desses compostos são fatores importantes a serem considerados, e é recomendado consultar um profissional de saúde antes de usar suplementos com fins medicinais.

Considerações e Avisos

Embora as pesquisas mostrem resultados promissores, é fundamental entender as limitações dos estudos e reconhecer que mais pesquisas são necessárias para confirmar completamente os benefícios medicinais.

Conclusão do Capítulo 3:

Ao concluir este capítulo, esperamos que você tenha compreendido o potencial medicinal e sua rica composição em compostos bioativos. Os estudos sugerem que esse cogumelo tem propriedades antioxidantes, pode estimular o crescimento de células nervosas e fortalecer o sistema imunológico, entre outros benefícios. No entanto, é importante abordar esse tópico com cautela e reconhecer que a pesquisa científica está em andamento.

CAPÍTULO 4: O HERICIUM ERINACEUS NO SÉCULO XXI

A ciência, a indústria e o interesse público se voltam para os benefícios potenciais deste notável cogumelo. Exploraremos pesquisas recentes, desenvolvimentos na indústria de suplementos alimentares e outras aplicações do Hericium Erinaceus nos dias atuais.

4.1 Avanços na Pesquisa Científica

Nos últimos anos, houve um aumento significativo no interesse da comunidade científica em relação ao Hericium Erinaceus. Novos estudos e ensaios clínicos têm sido conduzidos para aprofundar nossa compreensão das propriedades medicinais desse cogumelo e suas possíveis aplicações no tratamento de várias condições de saúde.

4.2 Potencial Aplicação em Doenças Neurodegenerativas

Dentre as áreas de pesquisa mais promissoras está o potencial uso do Hericium Erinaceus no tratamento de doenças neurodegenerativas, como a doença de Alzheimer e o mal de Parkinson. É possível encontrar relatos na internet, de familiares e usuários, sobre melhoras significativas em pessoas com este tipo de doença.

4.3 Interesse na Indústria de Suplementos Alimentares

O interesse em cogumelos medicinais, incluindo o Hericium

Erinaceus, levou à crescente disponibilidade de suplementos alimentares contendo extratos ou pó desse cogumelo. É importante considerar os produtos que contam com a supervisão de um farmacêutico, isso ajuda a passar credibilidade e confiança nas informações apresentadas na embalagem.

4.4 Integração na Medicina Tradicional e Alternativa

O Hericium Erinaceus tem sido integrado às práticas da medicina tradicional e alternativa em diferentes culturas ao redor do mundo. Popularmente conhecido na medicina chinesa, por ser muito utilizado como suplemento auxiliar no tratamento de problemas gastrointestinais.

4.5 Potencial Aplicação em Saúde Mental

Além de seu potencial auxiliar no tratamento e prevenção de doenças neurodegenerativas, pesquisas sugerem o uso do Hericium Erinaceus em terapias relacionadas à saúde mental, incluindo o gerenciamento do estresse, ansiedade e depressão, por conta de sua ação adaptogênica que melhora a regulação e controle destes problemas.

4.6 Regulamentações e Desafios

Enquanto o interesse pelo Hericium Erinaceus aumenta, enfrentamos desafios relacionados à regulamentação de suplementos alimentares e medicamentos à base de cogumelos.

Conclusão do Capítulo 4:

Ao concluir este capítulo, é evidente que o Hericium Erinaceus está no centro de um momento emocionante de descobertas científicas e interesse crescente na saúde e bem-estar humanos. Seu potencial medicinal, especialmente em doenças neurodegenerativas, torna-o uma área de pesquisa promissora para a medicina moderna. No entanto, é importante abordar esse tópico com cautela e reconhecer que ainda há muito a aprender sobre esse cogumelo.

CAPÍTULO 5: PRECAUÇÕES E CONSIDERAÇÕES

Neste capítulo, abordaremos as precauções e considerações importantes ao lidar com o Hericium Erinaceus, tanto em relação ao seu uso culinário quanto ao seu potencial medicinal.

5.1 Identificação Precisa

A primeira e mais crucial precaução é garantir a identificação precisa do Hericium Erinaceus ou de qualquer cogumelo que se deseja consumir. A confusão com cogumelos tóxicos pode ter consequências graves para a saúde. Recomendamos aprender com especialistas ou participar de grupos de identificação de cogumelos para adquirir habilidades sólidas de identificação e cultivo. É possível adquirir inóculos, extratos e o cogumelo puro, de forma segura, em lojas especializadas na internet.

5.2 Alergias e Sensibilidade Individual

Algumas pessoas podem ser alérgicas ou sensíveis ao Hericium Erinaceus. Se você é alérgico a cogumelos ou a qualquer outro alimento, é aconselhável evitar o consumo e procurar orientação médica.

5.3 Interações Medicamentosas

Se você está tomando medicamentos prescritos ou suplementos, é importante consultar um profissional de saúde antes de incorpora-lo em sua dieta. Alguns compostos presentes nos cogumelos podem interagir com medicamentos, alterando seus efeitos no corpo.

5.4 Cultivo Responsável

Para aqueles que se aventuram no cultivo, é essencial fazê-lo de forma responsável e segura. Siga as melhores práticas de cultivo, garantindo um ambiente adequado e evitando o uso de produtos químicos prejudiciais.

5.5 Confiabilidade dos Suplementos

Ao escolher suplementos, verifique a confiabilidade do fabricante e certifique-se de que o produto seja de qualidade e seguro para consumo. Procure marcas respeitáveis e verifique se os suplementos são testados por terceiros para garantir sua autenticidade e pureza.

5.6 Uso Responsável em Práticas Médicas

Profissionais de saúde que consideram utilizar em práticas médicas devem estar bem informados sobre as pesquisas científicas mais recentes, possíveis efeitos colaterais e interações medicamentosas. O uso responsável é fundamental para garantir a segurança e a eficácia do tratamento.

Conclusão do Capítulo 5:

Ao final deste capítulo, é evidente que a segurança, a identificação precisa e a sustentabilidade são questões cruciais quando se trata do Hericium Erinaceus. Tanto para o uso culinário quanto para o potencial medicinal desse cogumelo, é essencial abordar essas precauções e considerações com seriedade. Respeitar a natureza, buscar conhecimento especializado e consultar profissionais de saúde são passos fundamentais para desfrutar dos benefícios de maneira segura e responsável.

CAPÍTULO 6: CULTIVO DO HERICIUM ERINACEUS

Neste capítulo, vamos explorar o processo fascinante do cultivo. Descubra como é possível cultivar esse cogumelo em casa ou em ambientes controlados, permitindo que mais pessoas apreciem seus benefícios culinários e medicinais de forma sustentável.

6.1 Preparação Do Substrato E Sementes

O cultivo geralmente requer um substrato adequado para que o micélio(parte vegetativa do cogumelo), possa se desenvolver e produzir cogumelos. Adquira o inóculo(Sementes de Juba de Leão) em alguma loja especializada.

Pode multiplicar as sementes que comprou usando novos sacos de sementes de milho fervidas. Só coloque as sementes de milho quando a água estiver fervendo, cozinhe o milho por 30 minuto e tome todos os cuidados de higiene e esterilização do ambiente e de todos os materiais envolvidos.

-Pelets de Madeira Suplementada

1Kg de Pelets de Madeira

1200ml de água mineral fervendo

20g de Dextrose ou 20g de Farelo de Trigo

Preparo: Misture todos os ingredientes em um saco plástico de polipropileno, mantenha o saco fechado até esfriar, após esfriar, inocule com o fungo jogando de 50 a 100g de sementes, misture bem, coloque um algodão na boca do saco para permitir a troca gasosa e amarre a boca do saco com uma fita ou arame, sem apertar muito.

Obs: O algodão, os pelets e os sacos novos, não precisam ser esterelizados.

Obs2: Propagar o fungo de semente para semente sempre vai gerar sementes fracas e sem força. Faça apenas 1 vez! O ideal é propagar sementes utilizando um pedaço interno do corpo de frutificação, método chamado de clonagem.

Obs3: Há quem use apenas a parte galhosa do capim, triturada e esterelizada, como substrato.

6.2 Condições De Crescimento

O Hericium Erinaceus tem requisitos específicos de temperatura, umidade e luz durante o processo de cultivo. Aprenda a criar as condições ideais para o crescimento saudável do cogumelo, permitindo que ele se desenvolva adequadamente.

	Incubação	Indução	Frutificação
Temperatura:	26 ºC	15-24 ºC	18-26 ºC
Umidade do Ar:	95-100%	95-100%	90-95%
Iluminação:	Não	Sim	Sim

Duração: 12-16 dias   4-8 dias   7-10 dias

Obs: O substrato estará pronto para ser aberto quando estiver 100% colonizado, com uma aparência branca. Este fungo as vezes escurece o substrado e fica muito parecido com uma contaminação. Com o tempo você vai saber identificar o que é contaminação e o que é micélio. A contaminação mais comum é o Trichoderma, um bolor verde que costuma aparecer quando o susbtrato é contaminado. Pontos pretos no substrato indicam a contaminação por bactérias.

6.3 Colonização Do Substrato

Assistiremos ao emocionante processo de colonização, no qual o micélio se espalha e cresce pelo substrato. A colonização é uma etapa crítica do cultivo, e entender seu progresso é fundamental para garantir um cultivo bem-sucedido.

6.4 Estimulando A Formação Dos Cogumelos

Quando o substrato está completamente colonizado, ele fica com uma aparência branca, rígido e ao bater, faz um som de madeira maciça. Quando estiver assim, você pode fazer um corte grande com o estilete em um dos lados do saco, com cuidado para não agredir o substrato e deixar o saco exposto a luz indireta, em um ambiente com ventilação bem suave. A iluminação é importante para induzir e orientar a frutificação. Borrife um pouco de água mineral 2x ao dia, diretamente na abertura para manter a humidade elevada. Continue borrifando água 2x ao dia até a colheita.

6.5 Colheita E Uso Dos Cogumelos

Quando o cogumelo começar a ficar com as pontas amareladas,

é hora da colheita! Com o tempo você vai saber a hora certa de coletar pouco antes disso acontecer! Efetue a colheita com a ajuda de um estilete, efetuando o corte bem rente ao substrato.

6.6 Sustentabilidade E Cuidados Contínuos

Após a primeira colheita, faça um corte de outro lado do substrato e continue borrifando água por mais 30 dias, é muito comum uma segunda frutificação!

Conclusão do Capítulo 6:

Ao concluir este capítulo, esperamos que você tenha adquirido uma compreensão abrangente do fascinante processo de cultivo do Hericium Erinaceus. Cultivar esse cogumelo em casa ou em ambientes controlados é uma maneira gratificante de apreciar seus benefícios culinários e medicinais de forma sustentável. No entanto, lembre-se de que o cultivo de cogumelos requer conhecimentos específicos e atenção aos detalhes.

Conclusão:

Ao encerrar nossa jornada pelo mundo do Hericium erinaceus, refletiremos sobre a beleza e a importância da biodiversidade, reconhecendo o potencial deste cogumelo para melhorar nossa saúde e nosso bem-estar.

Esperamos que este livro tenha despertado sua curiosidade e apreço por esse tesouro da natureza, incentivando-o a explorar mais sobre o Hericium Erinaceus e a incorporá-lo em sua vida cotidiana.

BIBLIOGRAFIA

-www.google.com.br (Pesquisas e Imagens)

-www.siscog.fun(Apoio)

-Kuo, M. (2022, julho). Hericium Erinaceus. Retirado do   site MushroomExpert.Com   :   http://www.mushroomexpert.com/ hericium_erinaceus.html(Pesquisas)

-https://en.wikipedia.org/wiki/Hericium_erinaceus (Pesquisas)

www.ingramcontent.com/pod-product-compliance
Lightning Source LLC
Chambersburg PA
CBHW072229290526
45794CB00007B/2949

9798854598934